百年記憶兒童繪本

李東華｜主編

苗寨飛歌

王苗｜文　　金幸佳｜繪

中 華 教 育

珍珍的家，在湖南湘西花垣縣一個叫十八洞的苗族村莊。這裏的風，帶着花的香氣和樹的清新；這裏的水，喝起來像蜜一樣甜。

鳥兒在枝頭唱，魚兒在稻田裏游。層層大山環繞着小小的村莊，每當山裏起了霧，整個村子就像飄在雲中一樣。

苗寨這麼美，卻留不住爸爸媽媽。

每次過苗年，村裏放過煙火，打過糍粑，吃過長桌宴，爸爸媽媽就離開了。

爺爺說：「十八洞窮呀，八山二田水*，地無三尺平。年輕人在村裏沒有奔頭，不出去打工，日子怎麼能過得好呢？」

*指當地多山，田地少的自然地貌。

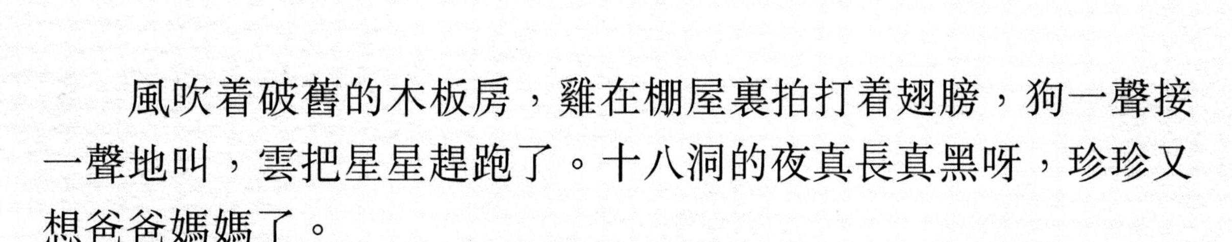

風吹着破舊的木板房，雞在棚屋裏拍打着翅膀，狗一聲接一聲地叫，雲把星星趕跑了。十八洞的夜真長真黑呀，珍珍又想爸爸媽媽了。

爺爺把珍珍攬在懷裏：「不高興的時候就唱苗歌吧，煩惱就都溜走了。」

爺爺是唱苗歌的高手。他說，苗人天生會唱歌，從盤古開天到四季變化，從莊稼收成到日常生活，所有的一切，都可以用歌聲唱出來。

珍珍搖搖頭。在她心中，苗歌又不是爸爸媽媽帶回來的糖，能讓她覺得甜，有甚麼好唱的呢？

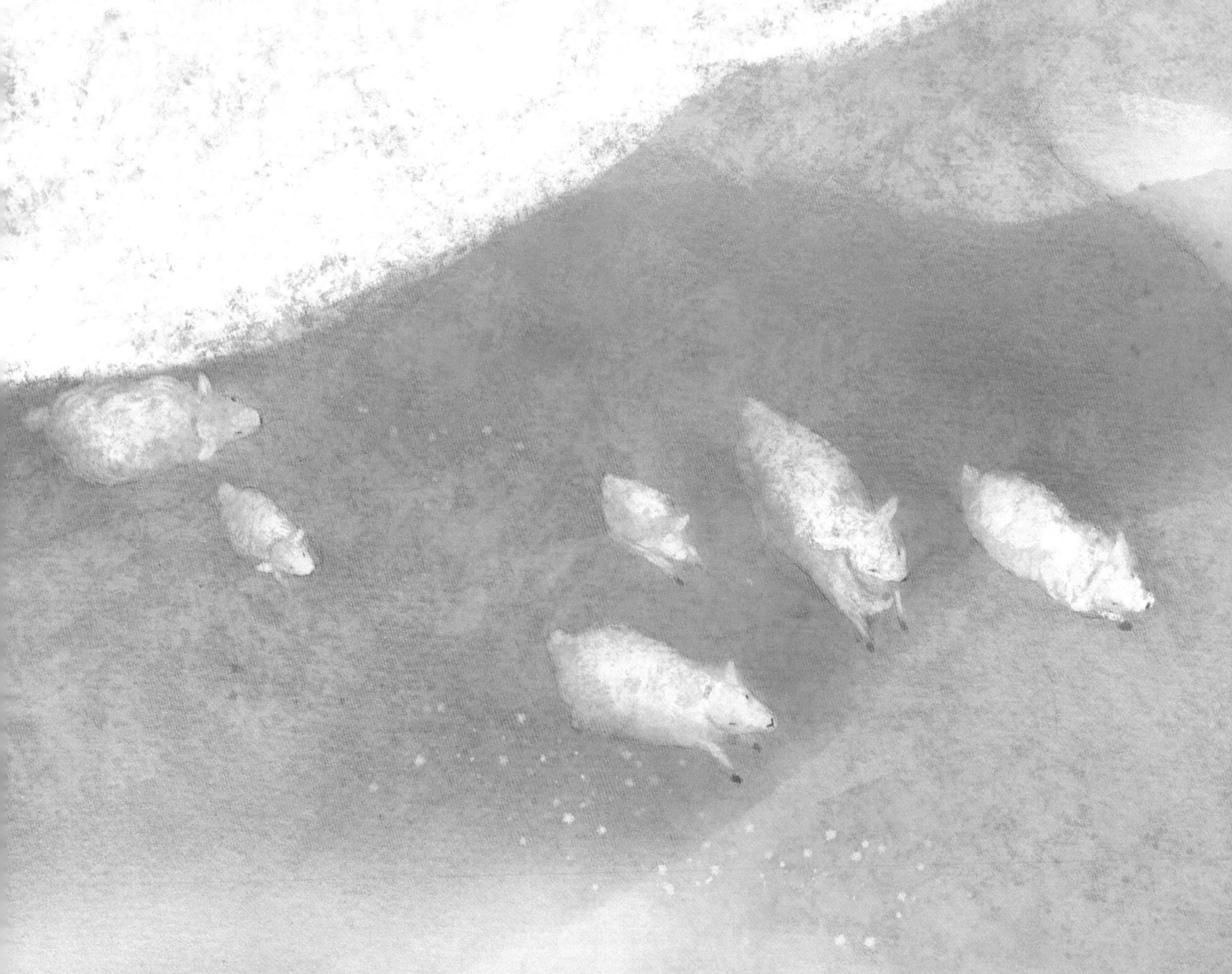

不上課的日子裏，珍珍去山上放羊。頑皮的羊兒在山坡上跑來跑去，像是碧綠起伏的毯子上開出的一朵朵白花。一隻小羊「咩咩」地向母羊跑去，珍珍心裏濕濕的。

珍珍趕着羊兒去溪邊喝水。泉水淙淙地流着，瀑布從高高的山上傾瀉而下，像在嗚咽。珍珍捧起溪水，在水裏看到一張皺着眉頭的小臉。

自己甚麼時候才能走出大山，
跟爸爸媽媽團聚呢？

珍珍還沒走出大山，一些陌生人卻走進大山，到村裏來了。他們四處走走、看看，還喜歡拉着村民問長問短。再後來，入村的小路變成了寬闊的柏油馬路，家家户户的門前屋後和院壩裏都鋪上了平整的青石板。珍珍跟爺爺去鎮上趕場，再也不用走好幾個小時山路了；下雨時，也不用擔心道路泥濘難走了。

精準扶貧

珍珍的家也變了。翻新的木板房裏亮堂堂的，新刷的桐油散發着清香，院壩裏平平整整、乾乾淨淨。爺爺對珍珍説：「精準扶貧工作隊來了，十八洞的好日子要來了！」

好日子要來了？爺爺説過，爸爸媽媽出去打工不就是為了好日子嗎？珍珍望着村口的柏油路，想起了爸爸媽媽。

閱覽室

珍珍讀書的十八洞小學換了新桌椅，鋪了新操場，砌了新圍牆，添了新的教學設備、運動器材、圖書資料，還來了新老師。老師們帶領大家一起讀書、遊戲、唱歌、跳舞。

音樂課上，老師讓每個人唱一首歌。珍珍唱了小時候聽爺爺唱過的苗族童謠：「晴朗朗的天空，母雞在陽溝下了蛋，公雞跑去同誇讚。你唱的是扯白歌，我的才是祖先謠……」

張老師對珍珍說：「珍珍，你有唱苗歌的天賦。」

可珍珍不喜歡唱苗歌，她只想好好讀書，以後走出大山去找爸爸媽媽。

夜晚的火塘邊，珍珍伏在桌子上看書、寫作業。爺爺在旁邊靜靜地守着她。

火塘裏燃着的木頭畢畢剝剝響，火塘上熏着的臘肉發出誘人的香味。跳動的火光，映着珍珍紅紅的小臉。

村裏變得越來越熱鬧，人也一天比一天多。珍珍驚奇地發現，很多出去打工的人都回來了！

帥氣的阿金哥哥回來了。他在山上種起了獼猴桃，又養起了蜜蜂，每天都忙得不可開交。

上過大學的嬌嬌姐也回來了。她架起攝像頭，辦起直播，把阿金哥哥的獼猴桃、蜂蜜，還有村裏的臘肉、酸魚、辣椒……好多好多東西，通過網絡賣到全國各地去。

漂亮的阿詩姐姐回來了。她加入了村裏的文藝工作隊，以後就在家門口工作，再也不用出去打工了。

大家都回來了！

珍珍每天都會去村口看一看。爸爸媽媽會回來嗎？

十八洞村的美麗風光吸引了越來越多的遊客。文藝工作隊的姑娘們穿上傳統的苗族服裝，戴上苗族銀飾，端起攔門酒，為遊客們唱着歡快的苗歌：「金雞飛過彩雲岩，歇住羽翎落山寨。遠方的朋友遠方的客，請到我們苗家來。」

和遠方的朋友一起來的，還有珍珍的爸爸媽媽。

「我們回來啦！」爸爸抱起珍珍，轉了一個圈。

「我們再也不走啦！這裏才是咱們的家呀！」媽媽捧起珍珍的臉。珍珍緊緊地抱住爸爸媽媽，耳邊傳來文藝工作隊姑娘們歡快的苗歌聲。

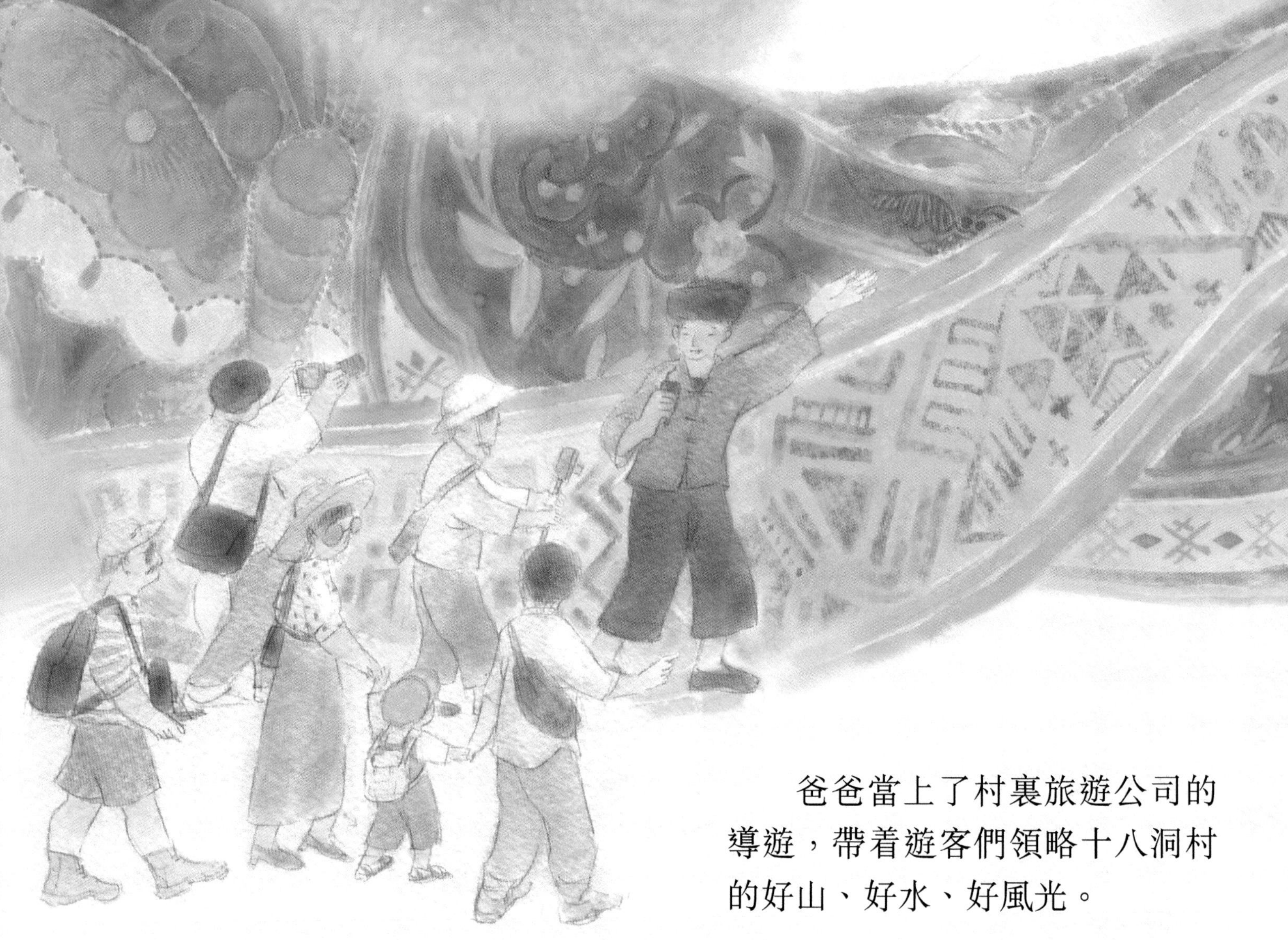

爸爸當上了村裏旅遊公司的導遊，帶着遊客們領略十八洞村的好山、好水、好風光。

媽媽加入了村裏的苗繡合作社，一針針、一線線，繡出十八洞村的好生活。

爺爺在院壩的小菜園裏種了好多蔬菜，在屋後種了好多果樹，他還把熏好的臘肉賣給遊客和村裏的農家樂。爺爺大聲唱起了苗歌：「苗家十八洞，歡迎來做客；天天像趕集，往返人如流；增收門路廣，日子樂悠悠……」

珍珍的心裏甜得像吃了糖，跟着爺爺小聲哼唱着。

珍珍依舊每天認真學習，看書，寫作業。她還加入了學校的苗歌隊。

音樂老師說，苗歌是苗族重要的文化遺產，每個腔調和旋律裏都飽含着苗族人對生活的理解，苗寨的孩子們不但要會唱祖先們一輩輩傳下來的老歌，還要會唱一首首新謠。

珍珍現在喜歡上了唱苗歌。她想把苗歌唱好，像爺爺一樣成為苗歌高手；像阿詩姐姐那樣，為朋友們好好唱一唱十八洞村。

福

珍珍向爺爺請教唱苗歌的訣竅。爺爺說，苗歌的旋律是固定的，但唱的詞是即興的。高山、瀑布、溪流、河水，鳥兒、蟲兒、魚兒、花兒……苗歌高手可以隨時把它們唱進歌裏。

珍珍又問爺爺，怎樣才能唱好苗歌。

爺爺笑了：「苗家兒女唱苗歌，哪裏需要甚麼特殊的技巧，陪爺爺去走走看看，有了真情實感，自然就能把歌唱好。」

珍珍跟着爺爺上山去。漫山遍野的獼猴桃樹結出碧綠的果子，山腳下一塊塊稻田像畫一樣，蜜蜂歡快地飛舞着。

爺爺一邊拾柴，一邊唱起了苗歌：「果子種在山坡上，開花結果一串串。苗鄉迎來大變化，幸福就在我家鄉。」

爺爺的歌聲在山間迴響，珍珍悄悄把它記在心裏。

一轉眼，熱鬧的趕秋開始了，八人鞦韆轉起來，苗鼓敲起來，長桌宴擺起來。

大家在村裏的廣場上賽苗歌，珍珍和苗歌隊的孩子唱了一首又一首，嘹亮的歌聲響徹大地。

「苗家村寨等你來，看到好日子我心裏喜歡。黨的政策讓十八洞更美了，我心裏高興就想唱出來……」

爸爸帶來了遠方的遊客，客人們錄下了這動聽的歌聲。

媽媽眼裏噙着淚，悄悄把珍珍唱苗歌的樣子描在了繡樣上。

金色的早晨，清澈嘹亮的苗歌乘着風，在苗寨上空飛旋，飛向更遠的地方。

◎責任編輯 楊歌
◎裝幀設計 鄧佩儀
◎排版 鄧佩儀
◎印務 劉漢舉

百年記憶兒童繪本

苗寨飛歌

李東華｜**主編**　王苗｜**文**　金幸佳｜**繪**

出版｜中華教育
香港北角英皇道 499 號北角工業大廈 1 樓 B 室
電話：(852) 2137 2338 傳真：(852) 2713 8202
電子郵件：info@chunghwabook.com.hk
網址：http://www.chunghwabook.com.hk

發行｜香港聯合書刊物流有限公司
香港新界荃灣德士古道 220-248 號荃灣工業中心 16 樓
電話：(852) 2150 2100　傳真：(852) 2407 3062
電子郵件：info@suplogistics.com.hk

印刷｜迦南印刷有限公司
香港葵涌大連排道 172-180 號金龍工業中心第三期 14 樓 H 室

版次｜2023 年 4 月第 1 版第 1 次印刷

規格｜12 開 (230mm x 230mm)

ISBN｜978-988-8809-65-3